Go with cats. Iwago Mitsuaki

ねこ歩き

contents

1
世界を歩く
abroad

地球上、どこへ行ってもネコはネコです。
秋田犬のように大きいネコにも、また
ヒメネズミのように小さいネコにも出会いません。
だからこそ見知らぬ国を旅して
ネコと出会うとうれしくなるのです。
そしてどこでもかわらないネコを通して
いろいろな国のヒトのその国なりの動きを
知ることになります。言葉はいりません。
ネコとの出会いを楽しみに旅してみましょう。

abroad 01

Greece

ギリシャ

エーゲ海に浮かぶ島々でネコと出会います。
島の斜面には家々がひしめきあっています。
家と家との間には細い坂道があり、
また光りが差し込まない陰もあります。
ネコは太陽がいっぱいの屋根や屋上が好きです。
光りを浴びるネコの体は柔らかくなって
徐々にふくらんで丸くなっていきます。
眺めの良いところからは仲間たちの動きもよく見えます。
ネコはこの朝の時間に今日一日の動きを
決めているのかもしれませんね。

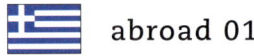

真剣なまなざしは坂道を行くイヌの動きに注目しているからです。　サントリーニ島

どうやら昼寝の場所を決めたようです。　サントリーニ島

どこに行く？

眺めの良い場所。　ミコノス島

西へ、東へ

匂い付け。たゆみない努力です。 ミコノス島

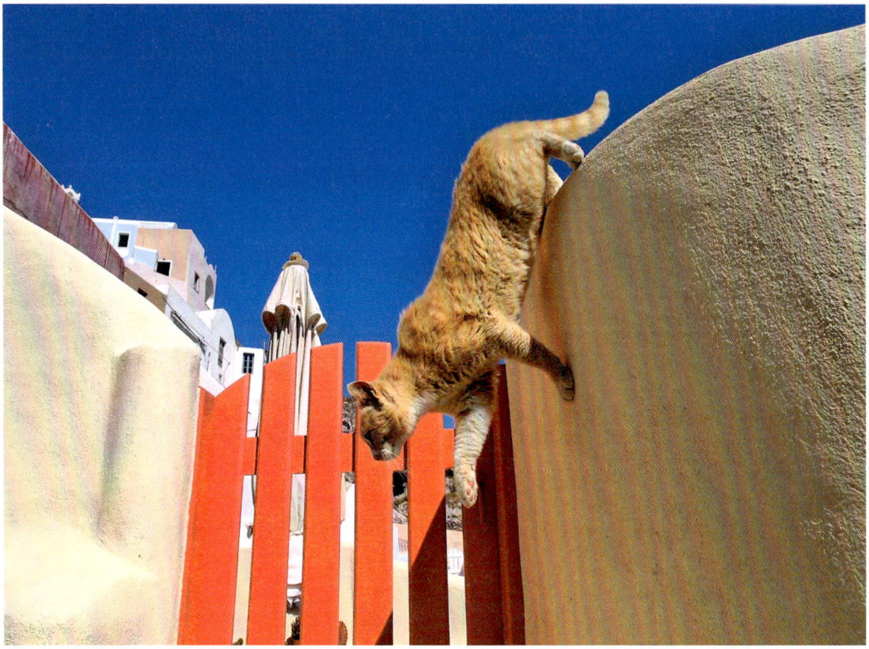

ネコの尺度で計っています。 サントリーニ島

だれが来ようが、たいした問題ではありません。 サントリーニ島

自由きまま

オスたちが自意識過剰のミケに見とれています。 イドラ島

足には心配がいらない居心地の良さです。 イドラ島

一日中、くっついている姉妹です。 サントリーニ島

用心深い兄弟です。 イドラ島

いずこの入り江を目指すのでしょうか。 エルバ島

abroad 02

Italy

イタリア

ネコの幸せとは何でしょう。

それはおいしいパスタを

味わうことだけではないでしょう。

燦々とふりそそぐ南イタリアの太陽を

浴びることだけではないでしょう。

風に流されていく神秘的な雲を

眺めることだけではないでしょう。

ヒトの姿が見えなくてもネコにはヒトが見えています。

不可視な力をネコはもっています。

千里眼のように暮らしを見通すネコがいます。

アグリジェントの遺跡にて。 アグリジェント

見晴らしよし

ローマの北、カルカータの町にて。 カルカータ

つながり

子ネコは3日前に生まれます。 ローマ近郊

ネコはよくあいさつを交わします。 シチリア島

ネコは小さなライオンで、ライオンは大きなネコだと思います。 カプリ島

男たちのなかには映画『ニュー・シネマ・パラダイス』に出演した演技上手もいます。 シチリア島

まち角で

オモチャ屋のシンバとレオ。　ソレント

水飲み場はたくさんあります。

ティヴォリ

憩い

オリーブ畑でグルーミングに集中しています。 エルバ島

abroad 03

Turkey

トルコ

ボスポラス海峡をはさんでヨーロッパとアジアが
交差するイスタンブールの街角では、
様々なネコに出会います。
ネコとの交流はあたかもヒトの歴史の流れの
複雑さを垣間見るようです。
アナトリア高原にある奇岩群のカッパドキアでも然り、
そして東部のワンでも湖を泳ぐネコと出会います。
不思議な光景の中にネコがいても、
そこにとけ込んでしまうたくましさと自信が
トルコのネコにはあるようです。

「グリ」と呼ばれています。トルコ語で灰色という意味だそうです。 イスタンブール

香辛料屋のサフラン。 イスタンブール

グランドバザールの屋上のオルジャン。　イスタンブール

サフランとオルジャン

つかず離れず

古本屋の多いコーナーにて。 イスタンブール

サフランの屋根上の散歩は終わりです。 イスタンブール

広場も朝のうちは静かです。 イスタンブール

昼間は気温が上がります。 イスタンブール

夜明け、モスクの前からハトがいっせいに飛び立ちます。 イスタンブール

オスたちの朝の動きです。たいしたことにはなりません。 イスタンブール

モスク前にて

奇岩群にもネコは似合います。　カッパドキア

東部ワンの小高い丘にて。 ワン

さんぽ

abroad 04

Morocco

モロッコ

モロッコが位置するのは北西アフリカです。
モロッコのネコを一言でいえば、可愛らしさの中から
たくましさがにじみでている印象です。
そのたくましさとはモロッコの国の歴史によって
備わってきているのでしょうか。
ヨーロッパ諸国やイスラム圏諸国との繋がりから
ヒトの流れが発生すれば、
ネコもヒトに連れられて移ろいます。
そしてきびしい陽光、青空、砂漠などの自然を
ネコの神秘な力をもって
乗りこえていったに違いありません。

インディゴと呼ばれるオスとアイット・ベンハドゥの遺跡。 アイット・ベンハドゥ

影をふむ

シャウエンの街にはメルヘンチックな青や白の壁や石畳が続きます。　シャウエン

フナ広場。屋台の下で生まれた子ネコたちです。 マラケシ

牛乳をもらう親子。母親が従順だから子ネコもヒトを怖がりません。 マラケシ

メスとオスとが視線を交わします。 マラケシ

迷宮から

フナ広場の土産物屋で可愛がられているメス。　マラケシ

あお空

漁港に陸揚げされている漁船に兄弟で乗って仲間たちを見下ろしています。 エッサウィラ

魚市場へ向かって堤防を歩いている子ネコ。 エッサウィラ

夕暮れの雨後の広場。少し気温が下がったのでネコはじっとしています。 エッサウィラ

16世紀に建造されたポルトガルの要塞。兄弟でじゃれています。 エッサウィラ

ベルベルの集落で、可愛いなら日本に持っていったらいい、といわれます。 アイット・ベンハドゥ

乾いた大地

メルズーガ砂漠のカフェで暮らすメスです。 メルズーガ砂漠

雨上がりのミシシッピ川の河川敷で出会います。　ウェストメンフィス郊外

abroad 05

USA

アメリカ

アメリカを旅しているとその広大さを実感します。
さて、ネコとなるとそのせいもあるのか、
「take it easy」、アメリカでは「じゃあね」
くらいの言葉です、がよく似合います。
またヒトはもちろんネコともあいさつを
必ず交わさなければならないのもアメリカです。
なにしろ広大ですから
ネコも暮らしの安全を確認するようです。
ヒトの顔色を慎重に読んでいますね。
ネコの機嫌を見ながら旅を続けます。

ミノウもいっしょにヨットに乗ってマングローブが生い茂る島へと向かいます。 キーウェスト

ベンガル種が混じるモーガンはとても活発です。 キーウェスト

アメリカの水

家族として

がっちりした体つきのオスのファーガソンを抱いています。 メンフィス

カジノで炊事をしている男の優しさにネコがなびいています。 トゥーニカ

ヨットハーバーで働くバーバラさんとオスネコのモンキー。ひとりと一匹の暮らしです。　ビューフォート

坂を上り下りするネコには存在感があります。 ヴィックスバーグ

ビッグフットはミシシッピ川沿いのボート置き場で暮らすメスです。　フライアーズポイント

風むき

流木アートはテレビ番組「スワンプピープル」というアリゲーターハンターの男たちがモデルになっています。　ピアパート

なわ張り

ハロウィーンってネコにも関係あるのかな。 グローブトン

ビッグフットは6本指のオスネコです。 キーウェスト

abroad 06

Cuba

キューバ

ハバナの街のたくましいネコたち、
高度な感覚をもって凛と暮らす姿は
まるで天使のようです。
また作家ヘミングウェイの『老人と海』の舞台となった
コヒマルにて、ネコを可愛がる漁師の手が
子ネコに穏やかに触れていく動きには魅せられます。
そう、キューバではネコにもヒトにも
日々愛を感じます。
精一杯日常を生きる生きものの輝きを見るのです。

ネコたちはだれよりもマリアさんを信じています。 ハバナ

マリアは４匹の赤ちゃんの母親です。ヒトを見る目は確かです。 ハバナ

まちの一員

50年代のアメリカ車の下もネコの休息場所になります。 ハバナ

Cuba

たくましく

マリアは優しくしてくれるヒトが好きです。 ハバナ

お姉さんは子ネコにとって頼りがいのあるヒトです。 ハバナ

タバコ農家でもネコは活躍しています。 ピナルデルリオ

しなやかに

迷子の子ネコにオスが近づいて舐めてやっています。 ハバナ

ハイタッチ！ ハバナ

ヘミングウェイの『老人と海』の舞台です。 コヒマル

ハバナの旧市街は世界遺産に登録されています。 ハバナ

潮のかおり

タイミングよく出会えた光景です。　ハバナ

2

日本を歩く

motherland

四季のネコたち

日本には四季があります。
春はネコの恋の季節、夏は子育ての季節、
秋は実りの季節でヒトの喜びと
ネコの喜びとが通じ合います。
そして冬はコタツで丸くなっても
いられないネコたちがいます。
四季の変化をネコの動きで
教えてもらうことがあります。

桜島が背景です。　鹿児島市　鹿児島県

匂い付けしながら他のネコや動物たちの気配を察知します。 常滑市 愛知県

春

春が来て庭に花々が咲きます。
陽気に誘われてネコが枝先に
匂い付けをしています。
春はネコにとっても眠い季節なのでしょう。
朝にエンジンがかかるのも
遅くなるようです。
でもネコのポーズでストレッチすれば
瞬間に動き出せるのも、ネコならではです。

ネコははしゃぐことを得意とします。 伊豆市 静岡県

大人になってもネコは遊びます。 薩摩川内市 鹿児島県

サクラが満開です。 佐野市 栃木県

レンゲ畑で昼寝です。 薩摩川内市 鹿児島県

◎ぽかぽか陽気

天衣無縫というのでしょうか。 太宰府市 福岡県

眠くなるとどこででも実行できるようです。 薩摩川内市 鹿児島県

春の強風をコンテナがさえぎる草地で大暴れです。 室戸市 高知県

◎いたずらっこ

ワイヤーアクションではなくて武術といいましょうか。 室戸市 高知県

勝ち負けはもちろんありません。 室戸市 高知県

春眠暁を覚えずですか。もうお昼ですよ。 天草市 熊本県

体を伸びるだけ伸ばすといい気持ちだろうな。　佐野市　栃木県

◎春うらら

シーサーって、やっぱり大きなネコですよね。 竹富町 沖縄県

夏

ネコは夏の太陽は苦手ですから
日陰を探す名人です。
朝夕の涼しい時間にやるべきことは
済ませるように動いています。
そして日が沈む頃になるとまた
元気になります。

◎暑中みまい

木には登りますが、降りるのは苦手です。　竹富町　沖縄県

屋根まで登るつもりでいます。 青木村 長野県

ストレッチ&あくび。 みなかみ町 群馬県

◎わんぱく

初夏の出会い。 武蔵野市 東京都

速くて可愛い動きが画面から飛び出してしまいます。 石巻市 宮城県

キュウリが食べものだってことわかってる？ みなかみ町 群馬県

3兄弟の目線の先には母親がいます。 竹富町 沖縄県

オスとメスの動きの違いがこの頃から見えます。 竹富町 沖縄県

◎夏休み

瞬発力に感動します。 竹富町 沖縄県

涼しい樹上で寝ていたようです。 竹富町 沖縄県

フットレスト。楽ちんだね。　竹富町　沖縄県

◎潮風

秋

日が短くなるとネコも忙しそうに動きます。
そして動きが止まる時間には
不思議なほどの落ち着きを
見せてくれる季節です。
この世を超える何者かに向かって
よく通る声でネコは寂しげに
鳴いてみせるのです。

何を探しているのか急ぎ足です。 萩市 山口県

◎食欲の秋

物干し場に柿がネコの遊び道具として吊るされています。 庄原市　広島県

ヒトには考えられないようなジャンプ力です。 庄原市 広島県

線香の香につつまれて。 宮津市 京都府

わたしって可愛いでしょ、といわれたように思います。 明日香村 奈良県

朝一番のごあいさつ。寒くなりましたね、と。 宮津市 京都府

◎センチメンタル

どこから来たの？と聞かれたようです。 明日香村 奈良県

シッポをふくらませての若ネコたちのごあいさつ。 高畠町 山形県

朝の光線が出会いを演出します。 伊根町 京都府

ネコが留守番をしているのにふさわしい場所です。 みなかみ町 群馬県

ここがお気に召しているようです。　萩市　山口県

◎去りがたし

風が止んでハクチョウたちが港内に集まってきます。 青森市 青森県

冬

童謡の『雪』では、ネコはコタツで丸くなる、
と歌われます。
雪国には、丸くなるネコもいるとは思いますが、
一方、鋭敏に冬の芸術でも楽しむかのように
雪の中へと飛び出す勇気あるネコもいます。
ネコの動きが雪に映えて優美に輝きます。

おはよ、と声をかけてみます。 石巻市 宮城県

おしくらまんじゅうで暖まっています。 石巻市 宮城県

◎日向ぼっこ

◎おばあちゃん家

讃岐うどんはどうですか、とネコにいわれたようです。 高松市 香川県

さぁ、出陣です。 北九州市 福岡県

ここで日いっぱいを過ごします。 高畠町 山形県

日溜まりがうれしい。 唐津市 佐賀県

◎雪やこんこ

まだ降り止まぬ。 青森市 青森県

体力温存。じっとすわっていられるネコには脱帽です。　青森市　青森県

雪の中に優しいヒトの姿を発見、待ちきれずにラッセルして出迎えています。 青森市 青森県

雪に梅の花が咲いています。 青森市 青森県

3
わが家のネコたち
home

寝食をともに

海ちゃんが去ってから幾年が過ぎたことでしょう。
世界の国々を旅していても
海ちゃん模様のネコを見かけると、思わず
「海ちゃん」と呼びかけてしまうことがあります。
海ちゃんと暮らしたのは狭いアパートでした。
いつか広々としたところでいっしょに暮らせたら
どんなに素晴らしいことだろうと考えていました。
現在、八ヶ岳の麓はケナがいっしょです。
野生児のようなケナの暮らしぶりには
新たな発見がいくつもあります。

左・ケナが田んぼの中へと探検を始めます。 上・ときどきお泊りに来るにゃんきっちゃんは木登りが苦手です。

海ちゃん

Kaichan

小さな海ちゃんを一目見て

気に入って

家に来てもらいます。

おてんばですが、彼女自身が喜んで

写真のモデルになってくれていたような気がします。

海ちゃんは大人になっても少女のようなネコでした。

Remetente:
Endereço:

母親になっても海ちゃんは

彼女が一番可愛いとわかっていたような、

それでいて絶対の威厳に満ちていたようです。

だから海ちゃんの子ネコたちは

全幅の信頼を彼女に寄せていました。

にゃんきっちゃん

Nyankitchan

にゃんきっちゃんは我が娘のネコですから

孫のような存在です。

理屈抜きに可愛いのです。

でもオスですから、可愛いといわれると

ちょっと心外だというような顔を見せたりもする

複雑な心情ももちあわせます。

小さいときに前足をウマにくわえられて

ひとつ肉球を失います。

それを彼に聞こえるところでついいったりすると

急に不機嫌になります。

冬。

にゃんきっちゃんが我が家にやってきます。

朝一番にウッドデッキで走り回るのが日課になります。

でも寒くて冷たいのは嫌いだと顔でいっています。

柿右衛門

Kakiemon

八ヶ岳の麓で暮らしてから、

なかなか家の中へまで入ってくれるネコには出会えません。

でも柿右衛門がいつの間にか仲良くしてくれるようになります。

今まで知らないでいたネコの世界を見せてくれたのは

彼女が最初です。

野に遊ぶ、

とは柿右衛門が見せてくれます。

ヤマカガシとも出会います。

ケナ

Kena

現在、ケナがいっしょです。

昔から毛の長いネコに憧れていました。

そう、上等なんだろうな、という感じです。

でもケナは気取ったところは微塵もありません。

ネコ本来の魅力を見せつけています。

それはネコの天才的な神経と敏捷さといって良いでしょう。

夜になると野生の動物たちとも

対等に渉りあっているようです。

というか、冷静に彼らの生態を見極めているのです。

フッ、とした瞬間に

心の中まで飛び込んできそうな勢いです。

ヒトの動きをよく見ています。

楽しいひとときを過ごします。

冬の散歩道。

おわりに

ネコが何か不思議な力をもっていることは
ネコを知っているヒトならだれでも気付いていることでしょう。

癒されるなんて甘い。
そういうことではなく、やっぱりぼくたちが遥か以前に置き忘れてきたものを
呼び覚まさせてくれているのがネコではないでしょうか。

何か物事を始めるときには、根本的なことに立ち返って考えたりしますよね。
そのときに何が一番大切なことなのかと深慮します。

ヒトが生まれ、少年少女になり、成人して結婚します。
子を授かり、そして育て上げます。
もちろん日々の食べものを得るための努力は怠りません。
そして、やがて年をとって死んでいく。

明快です。
どんな暮らしであろうが
どんな裕福であろうが関係ありません。
ネコは１枚の服を生涯着ています。

一見単純にも見えるネコの暮らしは、
実は生きることへの永遠を見せてくれているのではないでしょうか。
幸せも苦労もたいしたことではないと
教えてくれているように思えてならないのです。

岩合光昭

岩合光昭（いわごう みつあき）

1950年 東京生まれ。地球上のあらゆる地域をフィールドに動物たちを撮影する。その美しく、想像力をかきたてる作品は世界的に高く評価されている。一方で身近な存在であるネコもライフワークとして撮り続けている。2012年からNHK BSプレミアム「岩合光昭の世界ネコ歩き」の番組撮影を開始した。

ネコに関する著書に『ねこ』『ネコライオン』『岩合光昭の世界ネコ歩き』『岩合光昭の世界ネコ歩き　番組ガイドブック』『ふるさとのねこ』『コトラ、母になる』などがある。

主な撮影機材として、オリンパスEシリーズのカメラとレンズを使用。

Digital Iwago：www.digitaliwago.com

アートディレクション・デザイン
紀太みどり（tiny）

制作
河村昌悟　木村麻紀子
土居裕彰　（クレヴィス）

プリンティングディレクション
清水進　加藤剛直
田口優一　（DNPメディア・アート）

ねこ歩き

2013年5月29日　第1刷発行
2015年12月12日　第6刷発行

著　者　岩合光昭

発行者　岩原靖之

発行所　株式会社クレヴィス

〒150-0002　東京都渋谷区渋谷1-1-11
tel : 03-6427-2806　mail : info@crevis.jp
www.crevis.jp

印刷製本　大日本印刷株式会社

ISBN 978-4-904845-29-5

一部転載および協力

岩波書店　新潮社『猫さまとぼく』
講談社　新潮社『海ちゃん』
講談社『愛するねこたち』
小学館『ちょっとネコぼけ』
小学館『そっとネコぼけ』
小学館『ハートのしっぽ』
新潮社『地中海の猫』
日本出版社　新潮社『きょうも、いいネコに出会えた』
日本出版社『ネコ 立ちあがる』
日本出版社『岩合光昭のネコ』
福音館『にゃんきっちゃん』
ポプラ社『ママになったネコの海ちゃん』
TOKYO FM出版『Don't Worry』